Introduction

LE MOT "MOLECULE" vient du latin et signifie "petite masse ou "petite quantité". La molécule d'une substance n'est pas seulement une petite quantité, mais elle est la plus petite quantité, mais elle est la plus petite quantité possible de cette substance .Pour expliquer cette définition, imaginons une gouttelette d'eau déposée sur une plaque de verre .Si nous la divisons maintenant en volumes de plus en plus petits, nous n'obtiendrions pas alors une nouvelle matière ; chaque petite subdivision continuerait d'être de l'eau, même si, dans ses nouvelles dimensions, elle devenait assez petite pour être invisible au microscope ordinaire. Cependant, le moment arrivera ou la particule d'eau ne pourra plus à la fois se subdiviser et demeurer de l'eau. Nous aurons alors atteint les dimensions de la molécule.

La molécule n'est pourtant pas la plus petite unité de matière .On peut la briser a son tour en atomes, particules encore plus petites que la molécule d'eau est formée de deux atomes d'hydrogène et d'un atome d'oxygène. Mais il faut ajouter que si nous brisons toutes molécules d'eau contenues dans un verre, nous aurions, à sa place, deux gaz, l'hydrogène et l'oxygène, aux propriétés absolument différentes de celles de l'eau dans son état liquide.

Les molécules sont vraiment les briques ou le matériau de construction des gaz, des liquides et d'un grand nombre de solides. Il faut ajouter cependant, pour être précis, qu'il est souvent inexact de parler d'une substance comme d'un solide, d'un liquide ou d'un gaz ; on peut en effet la trouver sous plusieurs formes, selon les conditions de pression et de température. Nous parlons de certains corps en tant que solides, liquides ou gazeux, parce que nous les connaissons habituellement dans cet état. Ainsi, nous disons du fer qu'il est solide ; pourtant, il fond a $1,535^0C$. L'anhydride carbonique est couramment appelé gaz carbonique ; nous savons pourtant qu'il est possible de le transformer en un solide : la glace sèche.

Les molécules sont un matériau de base, une matière première aux caractères les plus étonnants ; elles sont constamment en mouvement, sauf a la température théorique du zéro absolu. Les lois qui régissent ce mouvement ont été énoncées au 19e Siècle par Clausius, Maxwell et Boltzmann dans une théorie générale de la matière connue sous le nom de théorie cinétique des gaz .Cette théorie permet d'expliquer un grand nombre de phénomènes qui furent très longtemps considérés comme mystérieux.

Le mouvement perpétuel des particules découvert par Robert Brown

D'après la théorie cinétique des gaz, les molécules s'entrechoquent continuellement, de même qu'elles ne cessent de heurter les parois du vase qui les contient. On peut se représenter les molécules comme des billes en mouvement constant sur un tapis de billard.

Chaque bille se déplace en ligne droite jusqu'au moment ou elle rencontre une autre bille ou la bande élastique qui entoure le tapis .Apres collision, la bille rebondit dans une nouvelle direction et avec une vitesse différente .Les molécules gazeuses ont le même type de mouvement désordonné dans un espace a trois dimensions.

On peut noter l'effet de ce mouvement des molécules en examinant une fumée au microscope .Introduisons d'abord une fumée dans un vase clos muni de fenêtres transparentes .Si nous braquons une lumière brillante su la vase et si nous en examinons l'intérieur au microscope, nous verrons des particules de fumée danser et tournoyer d'une façon tout a fait désordonnée. Ce mouvement des particules de fumée est du a leur bombardement incessant par les molécules de gaz qui constituent l'air présent dans le vase .C'est cette danse , ce mouvement perpétuel des particules que l'on appelle le mouvement brownien,

du nom du Dr Robert Brown (1773-1858), Botaniste anglais, qui a démontré la généralité de ce mouvement.

La vitesse de déplacement des molécules dépend, entre autres, de la température de la substance .En fait, la chaleur est l'énergie de mouvement, ou énergie cinétique des molécules. Lorsque la quantité de chaleur accumulée dans une quantité donnée de substance est faible, le mouvement des molécules est lent ; si elle augmente, les molécules s'élancent plus rapidement , elles frappent les parois du vase a une cadence plus rapide et avec une plus grande force.

La pression : résultat du bombardement par les molécules gazeuses

Le bombardement constatant des parois du vase par les molécules de gaz est la cause immédiate de la pression exercée par les gaz ; l'expérience nous a révélé que cette pression est constante dans un système isolé. Ainsi, l'air que vous respirez en ce moment dans votre chambre exerce une force totale d'environ dix tonnes sur chaque mètre carre de surface, qu'il s'agisse du plancher, du plafond ou de vos poumons. Si aucun ne s'écrase sous l'effet de cette force, c'est que l'air presse et fait sentir son effet avec la même force dans tous les sens .L'intensité de la pression- la fréquence du bombardement moléculaire –augmente avec le degré de la chaleur et, inversement, diminue si la température baisse les variations de température baisse les variations de température ou de pression que peut subir un gaz n'en font pas varier pour autant le nombre de molécules, lorsque ce gaz est dans un vase ferme hermétiquement .La théorie cinétique des gaz nous explique qu'a température de $100°C$ les molécules bombardent les parois du vase avec beaucoup plus de force qu'a la température de 0^0C, sans que le nombre de molécules ait varie pour autant. Dans les deux cas, le gaz remplit exactement le vase. Ceci est vrai a toute température , sauf a -273^{0}C, zéro absolu, ou tout mouvement des molécules est alors arrêtés nous réduisons le volume initial, les molécules se rapprocheront davantage les unes des autres a l'intérieur du volume réduit ; mais si la température n'a pas varie, elle imprimeront une pression plus forte dans leur entourage immédiat ; c'est comme si, avec le même nombre de billes , nous réduisons de moitie les dimensions du billard alors que les billes sont en mouvement :elles frapperaient les bandes plus souvent ,augmentant ainsi le nombre total de chocs. Par contre, si nous doublions les dimensions du vase, les molécules se repartiraient uniformément a travers l'espace augmente ; a température constante, elles exerceraient moins de pression que précédemment.

Nous savons donc que les molécules de gaz exercent une pression continue ; que la pression dépend à la fois de la température et du volume ; que le volume d'un gaz peut être augmente ou diminue sans affecter le nombre total de molécules.

Trois lois simples expriment les relations qui existent entre les trois données mesurables de la pression, du volume et de la temperature. ces lois sont valable pour tous les gaz, mais ne s'appliquent avec précision qu'au gaz parfait, un gaz que l'on ne rencontre pas dans la nature.

Un bref expose des trois lois des gaz parfaits

La première est la loi de Boyle-Mariotte, énoncée par Robert Boyle en 1660 et reprise par Edme Mariotte en 1676. D'après cette loi, la température constante, la pression d'un gaz enferme dans un vase clos et inversement proportionnelle a son volume .En d'autres termes, en diminuant le volume .En d'autres termes, en diminuant le volume de moitie, on double la pression ; en le réduisant au dixième du volume initial, on multiplie la pression par dix.

La deuxième loi est celle de Charles, du physicien français Alexandre-César Charles (1746-1823) qui l'a énoncée. Cette loi nous dit qu'a pression constante, le volume est proportionnel a la température absolue exprimée en dégrée Kelvin (K).Ainsi, un gaz contenu dans un cylindre ferme par un piston parfaitement étanché et parfaitement mobile de façon a maintenir la pression intérieure égale a la pression atmosphérique, soit un kilogramme par centimètre carre , doublera de volume a 546^0 K, si sa température initiale était de 273^0k au début de l'expérience.

Selon la troisième loi, si le volume d'un gaz demeure invariable, comme c'est à peu près le cas dans la chambre à air d'un pneu d'automobile, la pression est directement proportionnelle à la température absolue. Si l'on suppose que la pression exercée par une quantité déterminée de gaz à $273^0 k$ est d'un kilogramme par centimètre carre, on peut prédire qu'elle sera double à $546^0 k$.

Ces trois lois s'appliquent aux vrais gaz seulement dans certaines conditions bien précises : la pression doit être basse et ne doit pas varier trop fortement, même pour un gaz qui n'a pas tendance à se liquéfier. Les gaz vrais peuvent dévier d'une façon appréciable des résultats prédits par les trois lois énoncées ci-dessus. Le chimiste hollandais V. der Waals a fait une étude appondiez de ces déviations ; il a pu par la suite condenser en une seule formule mathématique le résultat de ses compilations van der waals, comme on l'appelle , tient compte de deux facteurs négligés avant :(1) les molécules attirent ce qui diminue la force des chocs sur les parois et, par conséquent, la pression ; (2) les molécules elles-mêmes ne sont pas des points géométriques, mais occupent un volume déterminé qui n'est susceptible ni de diminuer, ni d'augmenter lors d'une variation de la pression ou de la température.

L'attraction entre les molécules est partiellement explicable par la gravitation, cette force qui maintient les planètes dans leurs orbites autour du soleil et cause la chute des météorites sur la terre. Mais cette force est beaucoup trop faible pour expliquer les fortes déviations entres le comportement idéal du gaz parfait et celui des gaz réels .une autre force doit être responsable du comportement actuel des gaz .Vous savez que les molécules sont formées d'atomes ;que les atomes, a leur tour, contiennent de minuscules particules chargées électriquement .L'attraction électrique due a ces particules devient particulièrement forte lorsque deux molécules sont très près l'une de l'autre .Cette force nouvelle ne supprime pas pour autant les forces de gravitation ; c'est cet ensemble que l'on appelle « les forces van der waals. »Leur effet se fait sentir au maximum lorsque les molécules sont le plus rapprochées les unes des autres, c'est-à-dire aux pressions élevées.

Il est évident que les molécules gazeuses occupent un espace dont on peut calculer les dimensions. Pourtant les lois des gaz parfaits supposent que les molécules sont des points géométriques, sans dimensions, de sorte qu'elles considèrent que les molécules occupent une partie de cet espace.

L'équation van der Waals modifie les lois, telles que nous les avons vues, suffisent a nous donner une bonne idée du comportement des molécules lorsqu'elles sont soumises aux variations de température, de volume ou de pression.

Les molécules des liquides et l'influence de la température

Nous avons vu que, même a l'état gazeux, les molécules exercent entre elles des forces, gravitationnelles ou électriques. Une baisse de température les rend de moins en moins actives, elles s'éloignent moins rapidement les unes des autres et les forces d'attraction augmentent. Si la température s'abaisse suffisamment, les molécules se rapprochent davantage : le gaz devient liquide .Si l'on continue d'abaisser la température , les mouvements des molécules deviennent de plus en plus lents , les forces d'attraction augmentent proportionnellement : le liquide se solidifie. Le volume occupe par un liquide est bien inferieur a celui du même poids de substance gazeuse ; c'est que les molécules liquides sont beaucoup plus rapprochées les unes des autres que celles du gaz .Aussi est-il difficile de comprimer les liquides ; d'énormes pressions ne diminuent que faiblement leur volume.

Une autre différence importante entre les deux état est l'apparition d'une surface horizontale bien délimitée a la partie supérieure du liquide .Les molécules a l'intérieur du liquide attirent fortement celles qui sont a la surface et les maintiennent sous une tension constante .C'est la tension superficielle .Elle force le liquide a présenter une surface aussi petite que possible , elle le fait apparaitre comme doué d'une mince membrane sur laquelle peuvent flotter des morceaux de papier ou même de petites aiguilles d'acier .En pressant la poire d'une compte –gouttes , vous avez note que chaque goutte prend la forme d'une sphère avant de tomber .Ce phénomène est du a la tension superficielle ; les molécules a l'intérieur de la goutte attirent celles qui sont a l'extérieur de sorte que l'ensemble se contracte dans une volume minimum et cherche a diminuer la surface au minimum.

Evaporation- les liquides deviennent gazeux

Vous savez que de la lingue humide sèche à l'air libre lorsqu'il est suspendu. Vous savez aussi que le niveau de l'eau dans un bol abandonne dans une pièce chauffée baisse graduellement jusqu'à disparition complète de l'eau. Dans les deux cas, il s'agit d'évaporation, c'est-à-dire de formation de vapeur ou de gaz .quand un liquide s'évapore , ses molécules abandonnent l'état liquide pour ce mélanger a l'air ambiant .L'humidité du linge , le liquide du bol sont devenus gazeux sous forme de vapeur d'eau .cette transformation lente est un phénomène spontané qui se produit a la surface des liquides. Voici l'explication proposée par la théorie cinétique des gaz. Les molécules possèdent toutes une cératine quantité de chaleur ou d'énergie cinétique a une température donnée (sauf au zéro absolu).Mais les molécules n'ont pas toutes la même quantité d'énergie n'ont pas toutes la même vitesse ; de sorte que , si certaines des molécules a la surface du liquide se meuvent lentement , d'autre se meuvent plus rapidement. Celles qui ont le plus d'énergie cinétique peuvent vaincre les forces d'attraction de celles qui les entourent et s'échapper a l'air libre .Elles viennent de s'évaporer.

Il est clair que si les molécules qui ont le plus d'énergie cinétique s'échappent , celles qui restent dans le liquide en auront moins et que la température de l'ensemble aura baisse .Par conséquent , si vous mettez un thermomètre dans l'eau après que l'évaporation s'est poursuivie pendant quelque temps , vous noterez une baisse de température.

Si on élève la température d'un liquide de, la vitesse d'évaporation augmente. C'est que l'énergie cinétique moyenne de chaque molécule augmente ; la vitesse a laquelle elles se séparent les unes des autres augmente .

Des liquides de nature différente s'évaporent a des vitesses différentes parce que les forces d'attraction entre les molécules varient d'un liquide a l'autre . Ainsi, les molécules d'éther s'attirent moins que les molécules d'eau ; chacune a donc besoin de moins d'énergie pour se séparer de ses semblables. En d'autres termes, une plus grande proportion de molécules d'éther aura acquis , pour une température donnée , une énergie suffisante pour échapper de la surface , et la vitesse d'évaporation sera supérieure a celle de l'eau.

Condensation –les gaz se liquéfient

Nous venons de voir que si nous augmentons la température d'un liquide, il s'évaporera et deviendra gazeux. Nous pouvons provoquer le phénomène inverse , c'est-à-dire abaisser la température d'un gaz , diminuer l'énergie cinétique de ces molécules , en ralentir le mouvement , rendre ainsi plus efficace la force d'attraction qui s'exerce entre les molécules , et rapprocher celles-ci les unes des autres. Si l'on continue de le refroidir, le gaz devient liquide .Nous venons d'effectuer une condensation, une liquéfaction.

La nature nous offre de nombreux exemples de liquéfaction. La formation des nuages est due a la condensation en gouttelettes de la vapeur d'eau quand celle-ci s'élève vers des régions plus froides .La rosée en est un autre exemple ; de même que la buée qui se dépose sur les carreaux de fenêtres demeures froids au contact de l'air extérieur alors qu'une pièce est réchauffée.

La liquéfaction se manifeste lors d'une distillation .Nous chauffons d'abord un liquide ou un solide dans le ballon d'un appareil à distiller .Sa vapeur se condense dans le serpentin. Refroidi et devient liquide. Le fait que les substances différentes se liquéfient a séparer les composant d'un mélange en recueillant d'abord les plus volatils et en terminant par ceux qui le sont le moins.

La température d'ébullition et la pression atmosphérique

Un liquide dont on élève la température peut bouillir. C'est-à-dire que des bulles de vapeur, formées de millions de molécules, naissent sous la surface. De telles bulles ne peuvent naitre que si pression de la vapeur a l'intérieur de ces bulles est égale a la pression atmosphérique qui s'exerce a la surface du liquide ; une pression atmosphérique qui s'exerce a la surface du liquide b ; une pression atmosphérique supérieure comprimerait la vapeur et la ramènerait a l'état liquide. Par conséquent la température d'ébullition d'un liquide est atteinte lorsque sa pression de vapeur est égale à la pression atmosphérique. La pression atmosphérique au niveau de la mer est d'environ 1 kilogramme par centimètre carre-une atmosphère, disons-nous. La pression de vapeur d'un liquide porte a l'ébullition de l'eau, dans ces mêmes conditions, est 100^0C ; celle de l'alcool éthylique, $78,5^0C$; celle du mercure, 356.9^0C.

En réduisant la pression à la surface de l'eau, nous en abaissons la température d'ébullition. Nous obtenons le même résultat en nous élevant au dessus de la mer , puisque la hauteur de la colonne d'air pesant sur nous diminue .Donc , si l'eau bout a 100^0C au niveau de la mer, il est compréhensible que sa température d'ébullition ne sera plus que de 90^0C sur une montage haute de 300 mètres .Comme la température de l'eau demeure constante pendant toute la durée de l'ébullition, il faudra plus de temps pour faire cuire des légumes sur la montagne qu'au niveau de la mer.

La température critique : démarcation entre état liquide et gazeux

Mettons de l'eau dans une bouilloire en acier assez fort, résistant aux pressions que nous pourrons créer a l'intérieur .Plus nous augmentons le nombre de molécules de vapeur et plus nous exerçons de pression a la surface du liquide .Les molécules de vapeur se rapprocheront de plus en plus puisque leur nombre augmentera dans un espace qui n'augmente pas. Bien entendu, le nombre total de molécules H_2O n'augmente pas mais seulement celles qui ont acquis assez d'énergie de mouvement pour s'échapper de l'eau a l'état liquide autrement dit , puisque la densité d'un liquide diminue quand sa température augmente , les molécules du liquide s'éloigneront de plus en plus les unes des autres .Enfin, a 374^0C pour l'eau ; de 132^0C pour l'ammoniac ; $31,1^0$ C pour le gaz carbonique ;de 118.8^0C pour l'oxygène ; de -147^0C pour l'azote .Tout liquide devient un gaz au-dessus de sa température critique.

Comment les molécules se combinent pour former des solides

La plupart des solides sont faits de cristaux, ou polyèdres réguliers, ayant un nombre déterminé de plans ou surfaces planes, ordonnées symétriquement. la forme du cristal dépend de la substance. L'examen a la loupe d'un grain de sel sur fond sombre révèle une forme cubique parfaite. D'autres cristaux ont des formes compliquées et un grand nombre de plans. Les solides dont l'unité fondamentale est cristalline sont en fait, les vrais solides.

Les vrais solides ne sont pas fluides comme les gaz et les liquides, mais rigides, au moins plus que ces derniers. Leurs composants-molécules, atomes ou ions- sont lies dans une structure que l'on appelle communément un réseau cristallin.

Un grand nombre de cristaux sont faits de molécules occupant des positions bien définies dans le réseau cristallin. C'est vrai de substances aussi différentes que l'amiante, le diamant, le graphite, l'alcool éthylique, l'éther, l'ammoniac, la glace sèche, et l'oxygène lorsqu'ils sont à l'état solide. Leurs molécules possèdent de l'énergie cinétique, elles se meuvent. Mais leur mouvement ne les faits pas changer de p[lace continuellement ; il leur permet seulement d'osciller autour d'une position fixe .L'unité qui permet de bâtir la structure cristalline d'un certain nombre de cristaux n'est pas moléculaire .Les cristaux métalliques sont atomiques ; ceux des sels sont ioniques c'est-a-dire formes d'atomes charges électriquement.

La théorie cinétique des gaz s'applique aux atomes et aux ions de ces solides, comme aux molécules des autres, car toutes ces particules sont animées d'un mouvement vibratoire de leur cristal.

Solides amorphes : Leur structure interne

En refroidissant, certains liquides ne se solidifient pas en donnant de vrais solides d'une forme cristalline déterminée. Leur structure interne manque d'ordre ; on la trouve sans forme si on la compare aux beaux dessins géométriques que nous révèlent les solides cristallins. Aussi les appelle-t-on « sans forme » ou «amorphes» (du grec : amorphe, « sans forme »).

Le verre est un bon exemple d'un solide amorphe. Le verre est un mélange complexe de plusieurs composes. Il est visqueux, et coule lentement, comme de la mélasse ; c'est que les molécules s'attirent réciproquement beaucoup plus que dans la plupart des autres liquides .En refroidissant, les molécules de verre liquide s'attirent encore davantage, jusqu'à ce que le verre durcisse ; mais il demeure visqueux. on peut démontrer cette affirmation en exerçant une petite pression sur un morceau de verre pendant une période de plusieurs mois ou de plusieurs années : on notera que le verre a modifie sa forme et a vraiment coule d'une façon tout a fait appréciable.

La température et le changement d'état

Si nous elevons la température d'un liquide cristallin, la vibration de ses molécules, de ses atomes ou de ses ions peut devenir assez énergique pour détruire le réseau cristallin. Les molécules, les atomes ou les ions se déplacent alors librement ; ce qui était un solide est devenu liquide.

Certains composes avant de se liquéfier complètement, passent par un stade intermédiaire, celui de cristal liquide ; d'autres se transforment directement en gaz. On appelle point de fusion d'un solide la température a laquelle il passe a l'état liquide, pendant toute la durée de cette transformation, la température demeure invariable. Au point de fusion, les deux formes, solide et liquide, sont en état d'equilibre ; ainsi, un mélange de glace et d'eau maintenu exactement a la température de fusion de la glace contiendra des poids invariables de glace et d'eau. Le point de fusion varie avec la nature du solide. Celui de la glace est 0^0C ; celui du plomb, 327^0C ; celui de l'argent, 960^0C ; celui du cuivre, 1.050^0C. Dans tous les cas, la température de fusion du solide se confond avec la température de solidification de se confond avec la température de solidification du solide.

La vitesse de sublimation varie selon les solides ne tardons pas a en tenir l'odeur caractéristique

Si nous répandons copieusement de la naphtaline sur un vêtement, nous ne tardons pas en sentir l'odeur caractéristique. Des molécules ont abandonne la surface de la substance originale –un solide –et sont devenues gazeux a reçu le nom de sublimation En général, les cristaux moléculaire subliment plus facilement que les cristaux atomiques ou ioniques. La vitesse de sublimation varie beaucoup avec les solides .Les sels et les métaux ne sublime a une vitesse appréciable ; un cube de glace s'évapore même s'il est a une température inferieure a son point de fusion .La glace sèche, qui est du gaz carbonique solidifie, sublime très rapidement aux température ordinaires .Aussi est-elle un agent de refroidissement beaucoup plus efficace que la glace ordinaire .En sublimant , elle couvre le matériel a refroidir d'une atmosphère de gaz carbonique froid , qui possède en même temps la propriété d'isoler.

Autres renseignement sur les molécules

La théérie cinétique des gaz nous explique l'effet des variations de la pression, du volume et de la température sur les molécules, de même que leur passage d'un état a un autre. Elle nous permet d'obtenir , leur d'autres renseignements sur les molécules ; nous pouvons aussi calculer leur vitesse , leur nombre , leurs dimensions et leur poids relatif .Les résultats dimensions et leur poids relatif .Les résultats de ces divers calculs montrent un degré de précision particulièrement remarquable.

Nous savons que la vitesse d'une molécule dépend de la température ; mais elle varie aussi lorsqu'elle heurte d'autres molécules .Par conséquent, les molécules d'un gaz se déplacent a des vitesses moyennes .Et cette moyenne inferieure a celle des molécules légères , a la même température.

Il est assez facile d'imaginer une vitesse de l'ordre de 1,600 kilomètre à l'heure ; les avions ont déjà dépassé considérablement une telle vitesse. Mais il est beaucoup plus difficile de se faire une idée claire du nombre infiniment grand des molécules et de leurs dimensions incroyablement petites. Ainsi, chaque centimètre cube d'air contient environ 32,000,000,000,000,000,000 de molécules. supposons que ces molécules soient distribuées en parties égales entre tous les hommes de l'univers ; supposons que les nations unies offrent 1 dollar a chacun d'eux par million de molécules qu'il remettra aux nations Unies, a condition de les compter avec précision. Aimeriez-vous remettre votre part Aux nations Unies ? La réponse est à la fois oui et non. Il s'agit vraiment d'un montant enviable : $10,000. Mais si une machine doit les compter a la vitesse d'une par seconde, jour et nuit, vous devrez attendre 318 ans avant d'être paye !

Les chimistes ont calcule que 18 grammes d'eau contiennent 602,000,000,000,000,000,000,000 molécules. Ce nombre énorme, que l'on peut écrire de façon plus brève, 6.02×10^{23}, est également connu sous le nom de nombre d'Avogadro. Cela signifie 6×10^{23} 6 suivi de 23 zéros, ou 600 suivi de 21 zéro ; 6.02×10^{23} est donc 602 suivi de zéros.

Le calcul du volume d'une molécule d'eau

On peut calculer le volume d'une molécule d'eau en utilisant le nombre d'Avogadro Imaginons que les molécules d'eau a l'état liquide soient pressées les unes sur les autres au point que l'espace vide soit négligeable compare au volume des molécules elles mêmes. Nous pouvons alors nous permettre de diviser le volume total de 18 grammes d'eau par le nombre total de 18 grammes d'eau par le nombre total de molécules ($6,02 \times 10^{23}$) pour trouver le volume d'une molécule-environ $0,000,000,000,000,000,000,000,003$ cm^3 ou 3×10^{-23} cm^3 .Il est évident que le volume actuel d'une molécule est plus petit que ce chiffre a cause de l'espace libre entre les molécules d'eau liquide .

Ce calcul est effectue en fonction des molécules d'un liquide .mais nous avons déjà indique que l'eau liquide peut se changer en gaz , la vapeur d'eau , ou en solide , la glace .La molécule d'eau individuelle demeure inchangée ; elle occupe le même volume dans les trois états.

Le nom du comte italien Amedeo Avogadro di Quaregna est immortalise par le fameux nombre qui porte son nom. Cette gloire lui vient de son hypothèse (une hypothèse est une supposition plausible) du nombre relatif de molécules dans les gaz .Avogadro énonça en 1811 l'hypothèse que « des volumes égaux de gaz contiennent , a la même température et a la même pression, le même nombre de molécules ».En d'autres termes , si 6.02×10^{23} de vapeur d'eau occupent 50 litres a une température et a une pression données , 50 litres d'un autre gaz (comme l'hydrogène par exemple) contiendront aussi 6.02×10^{23} de molécules.

L'hypothèse d'Avogadro est très importante car elle nous a permis de déterminer les poids moléculaires, c'est-à-dire les poids relatifs des molécules .il est évident qu'aucune de nos balances n'est en mesure de peser une molécule seule ; mais nous pouvons connaitre les poids relatifs de deux espèces différentes de molécules en comparant les poids de nombres égaux de ces molécules .

Un litre d'oxygène pèse 1.429 gramme ; un litre de gaz carbonique, 1.977 gramme ; un litre de gaz carbonique, 1.977 gramme ; le poids du gaz carbonique est donc 1.977/1.429 fois supérieur a celui de l'oxygène. Mais, d'après l'hypothèse d'Avogadro, on a le même nombre de molécules des deux gaz dans un litre de chacun. par conséquent, chaque molécule de gaz carbonique a donc une masse de 1.977/1.429 fois celle de chaque molécule d'oxygène. Comme nous le montrons page 230 de ce volume, les chimistes ont choisi un nouveau standard de base, l'atome de carbone de masse 12 ; l'atome d'oxygène devint ainsi 15.9994, c'est-à-dire une masse molécule de 31.9988. Par conséquent, la masse moléculaire du gaz carbonique est égale a 1.977/1.429 x 31.9988=44 (approximativement).

On peut ainsi déterminer la masse moléculaire et des substances pures qui peuvent être portées à l'état gazeux. D'autres méthodes doivent être utilisées pour déterminer la masse moléculaire des substances qui ne peuvent se vaporiser sans se décomposer.

Voici la masse moléculaire de quelques substances connues (les chiffres cites sont approximatifs dans tous les cas même l'oxygène) :

Substance moléculaire	masse
Oxygène	32
Hydrogène	2
Ammoniac	17
Eau	18
Azote	28
Gaz Carbonique	44

www.ingramcontent.com/pod-product-compliance
Lightning Source LLC
Chambersburg PA
CBHW030739180526
45157CB00008BA/3243